Pettersson und Findus

W0324787

Das große Naturbuch

XENOS

Alle Inhalte in diesem Buch wurden von der Autorin und dem Verlag sorgfältig geprüft. Dennoch kann keine Garantie übernommen werden. Eine Haftung der Autorin oder des Verlages für Personen-, Sach- und Vermögensschäden ist ausgeschlossen.

ISBN 3-8212-3074-6
© 2005 TV-Loonland AG, Happy Life Animation AB
All rights reserved
Lizenz durch
TV-Loonland AG, München
Verantwortlich für diese Ausgabe:
XENOS Verlagsgesellschaft mbH,
Am Hehsel 40, 22339 Hamburg
Konzept und Text: Lena Steinfeld, Steinburg
Gestaltung: Velte Design + Illustration
Illustrationen: Uli Velte, Anton Engel
Printed in Slovakia

Inhalt

Unterwegs im Wald

Der kleine, rote Hof vom alten Pettersson und dem Kater Findus liegt inmitten grüner Wiesen, Wälder und Felder. Das ist auch gut so, denn Pettersson und Findus sind am liebsten den ganzen Tag draußen! Immer gibt es etwas Spannendes in der Natur zu entdecken. Heute wollen die beiden durch den Wald wandern.
„Bist du fertig?“ Ungeduldig zupft Findus an Petterssons Ärmel.
„Ja, jetzt kann's losgehen“, sagt Pettersson und bindet noch eben die Schnürsenkel seiner Wanderschuhe zu.

Welche sechs Dinge können Pettersson und Findus auf einem Spaziergang im Wald gut gebrauchen? Male sie bunt an.

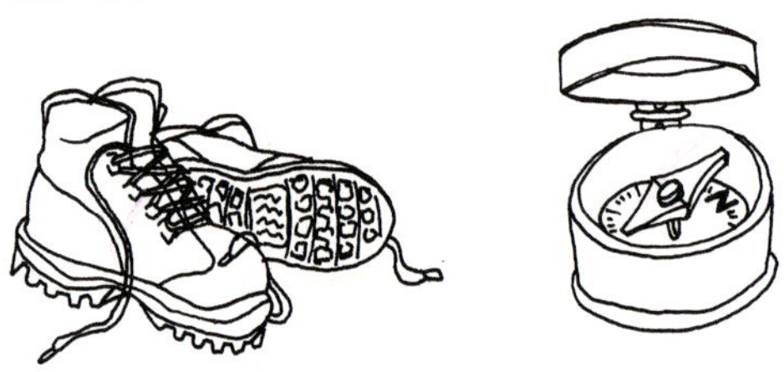

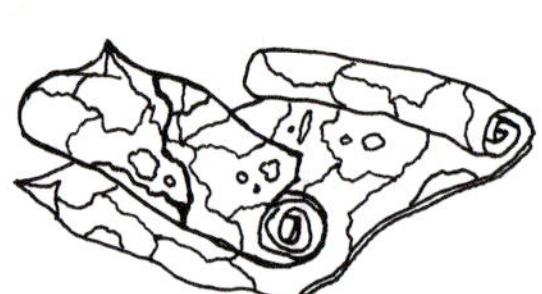

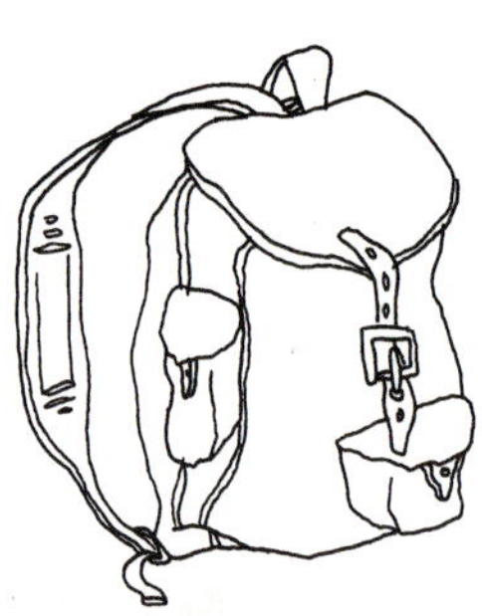

Das solltest du im Wald unbedingt beachten:

- Störe die Tiere nicht.
- Lass keinen Abfall liegen.
- Verletze die Bäume und Pflanzen nicht.
- Vermeide offenes Feuer.

Lösung: Richtig sind feste Schuhe, Kompass, Rucksack, Fernglas, Karte und Regenjacke.

Welche Wälder gibt es?

„Unser Wald ist ein Mischwald“, sagt Pettersson. „Das heißt, dass hier sowohl Laubbäume als auch Nadelbäume wachsen.“

Laubbäume tragen Blätter, die im Herbst abfallen und sich im Frühjahr neu bilden. Nadelbäume hingegen haben statt der Blätter schmale Nadeln und sind fast immer auch im Winter grün.

Auf welchem Bild siehst du einen Mischwald?

Findus schaut nach oben. Der Baum ist riesig groß! Hier zeigt er dir, wie die einzelnen Teile des Baumes heißen.

Lösung: Bild C zeigt einen Mischwald.

Laubbäume

Findus umarmt einen dicken Baumstamm. „Und was ist das für ein Baum?", will er von Pettersson wissen. Pettersson nennt ihm die Namen der Bäume und erklärt, an welchen Merkmalen er sie erkennen kann, zum Beispiel an der Blattform oder an der Farbe ihrer Rinde.

Weißt du, welcher Baum und welches Blatt jeweils zusammengehören? Schreibe den passenden Buchstaben jeweils in das kleine Kästchen.

Birken erkennst du an der weißen Rinde und den gesägten Blättern. Sie stellen keine hohen Ansprüche an ihre Umgebung und wachsen auch auf nährstoffarmen Böden, zum Beispiel Sandböden.

Bei uns in Europa ist auch die **Eiche** zu Hause. Sie kann bis zu 1.000 Jahre alt werden. Eichenblätter haben abgerundete Kanten.

Buchen haben ovale Blätter. Der Stamm besitzt eine glatte, graue Rinde. Unter der stacheligen Schale ihrer Früchte befinden sich essbare Nüsse, die Bucheckern.

Die Blätter der **Kastanie** wachsen jeweils fingerförmig an einem Blattstiel. Ihre Früchte, die Kastanien, sind für Menschen ungenießbar, aber sie werden an Pferde, Wildschweine und Rehe verfüttert.

Die handförmigen Blätter des **Ahorns** färben sich im Herbst leuchtend gelb. Du kannst den Ahorn an seinen Früchten erkennen: Sie sehen aus wie zwei kleine Flügel.

Lösung: A ist ein Eichenblatt, B ist ein Buchenblatt, C ist ein Kastanienblatt, D ist ein Birkenblatt und E ist ein Ahornblatt.

Nadelbäume

Wie heißen diese Nadelbäume? Folge den Linien zu den Baumtafeln.

Die dunkelgrünen, spitzen Nadeln der **Fichte** werden etwa 1 bis 2,5 cm lang und fallen ab, wenn sie ca. 6 Jahre alt sind. Die Zapfen hängen an den Zweigenden nach unten.

Die Nadeln der **Tanne** sind an den Enden stumpf. Ihre Früchte, die Tannenzapfen, stehen aufrecht nach oben. Tannen können wie Fichten bis zu 600 Jahre alt werden.

Im Gegensatz zu den anderen Nadelbäumen werfen **Lärchen** ihre weichen Nadeln im Herbst ab. Die Zapfen der Lärchen sind eiförmig und stehen aufrecht am Zweig.

Kiefern sind in Europa weit verbreitet und kommen noch in 2.000 m Höhe vor! Du kannst die Waldkiefer an den ca. 8 cm langen Nadeln erkennen, die jeweils paarweise am Zweig sitzen.

Große und kleine Waldbewohner

„Guck mal, Pettersson", flüstert Findus. „Dort am Baumstamm bewegt sich ein Eichhörnchen." Fasziniert halten sie inne und sehen, welch ein geschickter Kletterer das Eichhörnchen ist.

Der Wald ist der Lebensraum von großen und kleinen Tieren. Hirschkäfer, Wildschwein, Eichelhäher, Marder und viele andere finden hier Unterschlupf, Nahrung und Schutz.

Zu welchen Tieren gehören die Ausschnitte der Felle, die Findus dir hier zeigt?

Eichhörnchen können gut klettern, weit springen und benutzen ihren buschigen Schwanz zum Steuern. Sie fressen Nüsse, Beeren, Samen, Vogeleier und Insekten. Im Herbst legen sie Vorräte an, um sich im Winter davon zu ernähren.

Der **Dachs** ist gut an seinen schwarz-weißen Streifen zu erkennen. Er lebt in einer Großfamilie, die ihren weit verzweigten Bau häufig seit Generationen bewohnt. Als Allesfresser mögen Dachse Wurzeln, Früchte, Schnecken, kleine Säugetiere und Würmer.

Männliche **Rothirsche** wandern als Einzelgänger durch die Wälder. Ihr mächtiges Geweih werfen sie einmal jährlich ab. Hirschkühe leben mit den Jungtieren in Rudeln (Gruppen). Wenn sich die Tiere paaren, schließt sich der Rothirsch mit mehreren Weibchen zusammen, die er gegen andere Männchen verteidigt.

Lösung: A: Rothirsch, B: Eichhörnchen, C: Dachs, D: Wildschwein

Frischlinge und andere Wildschweine

Wildschweine wiegen etwa 125 bis 200 kg, männliche Tiere können sogar bis zu 350 kg wiegen. In den ersten Monaten sind die jungen Wildschweine noch braun-beige-gestreift, danach wird ihr Fell einheitlich braun. Wildschweine sind Allesfresser und wühlen gern im Boden nach Nahrung.

Für viele Tiere oder Pflanzen des Waldes gibt es spezielle Fachbegriffe. Bei den Wildschweinen heißt ein männliches Tier **Eber**. Ein weibliches Wildschwein ist eine **Bache**. Die Jungen der Wildschweine nennt man **Frischlinge**. Und spricht man von einer ganzen Gruppe Wildschweine, so heißt diese **Rotte**.

„Wenn die Bachen Nachwuchs haben, musst du sehr vorsichtig sein, Findus", warnt Pettersson. „Am besten gehst du ihnen aus dem Weg, denn mit den Frischlingen an ihrer Seite sind sie sehr angriffslustig."

Hast du schon einmal ein Wildschwein in freier Wildbahn gesehen? Welche Wildtiere begegnen dir auf deinem Waldspaziergang? Hier kannst du sie aufmalen:

Basteln mit Pettersson und Findus

Wenn Pettersson und Findus im Wald umherstreifen, finden sie oft Dinge, aus denen sie zu Hause etwas basteln. Heute nimmt Pettersson einen großen Tannenzapfen mit. Was will er daraus machen? Findus ist schon neugierig.

Blätter pressen

Sammle herabgefallene Blätter und lege sie zwischen die Seiten eines Buches. Nach einigen Tagen sind die Blätter getrocknet und glatt gepresst.

Findus' Wetterstation

Suche dir im Wald einen Tannenzapfen und hänge ihn an einem Bindfaden draußen auf, zum Beispiel auf den Balkon. Der Zapfen sagt dir, wie das Wetter wird: Ist es warm und sonnig, öffnet er sich weit. Liegt Regen in der Luft, schließt sich der Tannenzapfen, bis er wieder ganz glatt ist.

Im Wald kannst du tolle Dinge zum Basteln finden. Zum Beispiel:

- Zapfen von Nadelbäumen
- abgefallene Blätter, Zweige und Äste
- Moos
- kleine Steine
- abgefallene Rindenstücke
- Bucheckern, Kastanien und Haselnüsse

Blätter bestimmen

Einem Spieler werden die Augen verbunden. Er bekommt ein Blatt oder eine Frucht in die Hand und versucht durch Fühlen herauszufinden, was es ist. Errät er es, ist das nächste Kind an der Reihe. Für dieses Spiel eignen sich am besten Blätter, die sich gut voneinander unterscheiden, zum Beispiel Blätter von Eichen, Ahornbäumen, Birken und Kastanien.

Blätterdruck

Trage mit einem Pinsel Farbe auf gepresste Blätter auf. Drücke die Blätter mit der Farbe nach unten auf Papier und nimm sie wieder ab. Mit dieser Technik kannst du schöne Bilder, Briefpapier oder Einladungskarten „drucken".

Eine Höhle für Findus

So baut Pettersson für Findus ganz einfach eine gemütliche Höhle im Wald:

1. Suche einen Baum, von dessen Stamm in Bodennähe ein kräftiger Ast absteht (etwa 1 bis 1,5 m über dem Boden).

Findus' Tipp:

Nimm nur herabgefallene Äste und Zweige, keine frischen Pflanzen, damit du Bäume, Büsche und andere Pflanzen nicht verletzt.

2. Sammle herabgefallene Äste, die so lang sind, dass du sie gut gegen den Ast des Baums lehnen kannst. Entferne vorher die herausstehenden Zweige der Äste.

3. Bedecke die Zwischenräume mit Tannenzweigen. Fertig ist die Baumhöhle!

Spiel und Spaß im Wald

„Uaah!“ Findus streckt sich und macht einen Katzenbuckel. Den ganzen Vormittag hat er auf einer Waldlichtung gelegen und Tiere beobachtet. Jetzt muss er sich unbedingt bewegen!

Petterssons Schnitzeljagd

Pettersson erzählt Findus, wie man eine lustige Schnitzeljagd im Wald machen kann.

Für dieses Spiel brauchst du:

- mehrere Mitspieler, die zwei Gruppen bilden
- Wollfäden oder dünne Stoffbänder
- zwei „Schätze“
- eine Uhr

Bildet zwei Mannschaften. Die erste Gruppe macht sich mit der Wolle und einem „Schatz“ auf den Weg in den Wald. Unterwegs bindet sie bei jeder Abzweigung Wollfäden an Bäume oder Büsche. Der Weg soll so markiert sein, dass die nachfolgende Gruppe ihm folgen kann, wenn sie die Fäden findet. Nach einiger Zeit versteckt die erste Gruppe ihren Schatz und wartet auf die Verfolger.

Bevor die zweite Gruppe aufbricht und den Hinweisen der ersten Gruppe folgt, lässt sie ihr einen Vorsprung und wartet einige Zeit ab (etwa 5 bis 10 Minuten). Wird der Schatz gefunden, ist die Schnitzeljagd beendet, und ein neuer Schatz wird versteckt.

Geht immer in Begleitung Erwachsener in den Wald oder auf Schnitzeljagd!

Findus' Waldsport-Ideen

Laufe Slalom zwischen den Baumstämmen. Hüpfe auf einem Bein über den Waldboden. Spring seitwärts über am Boden liegende Baumstämme. Renn geduckt unter niedrigen Ästen hindurch. Robbe wie eine Schlange über den Boden. Aber möglichst leise!

Findus' Tipp:

In einigen Wäldern gibt es tolle „Trimm-dich"- Pfade, auf denen du deine Ausdauer, Geschicklichkeit und Kraft trainieren kannst. Das macht im Wald viel mehr Spaß als in der Turnhalle!

Findus' Ballspiel

Dieses Spiel wird am besten im Park oder auf einer Lichtung im Wald gespielt, da ihr dafür genügend Platz braucht. Legt aus den Ästen auf jeder Seite eurer Spielfläche zwei Dreiecke auf den Boden und bildet zwei Mannschaften. Nun versucht jede Mannschaft, den Ball so oft wie möglich in das gegnerische Tor-Dreieck zu werfen. Wer erzielt die meisten Treffer?

Für dieses Spiel brauchst du:

- Mitspieler
- ein Ball
- sechs etwa gleich lange Äste oder Zweige

Nachts im Wald

Rumms! Findus flitzt zum Tischlerschuppen, um herauszufinden, was dort vor sich geht. Pettersson wühlt im Gerümpel. „Irgendwo müssen die Heringe doch sein“, murmelt er. „Heringe?“, fragt Findus. „Die leben doch im Wasser!“ „Doch nicht diese Heringe“, sagt Pettersson. „Die fürs Zelt natürlich! Heute übernachten wir nämlich im Wald und beobachten die Tiere.“

Wo wohnen die Tiere?

Ganz gleich, ob sie am Tag oder in der Nacht wach sind: Die meisten Tiere haben eine Behausung, in der sie leben, ihre Jungen gebären und großziehen, schlafen oder Schutz vor Gefahren suchen.

Weißt du, welches Tier wo wohnt? Verbinde mit einer Linie.

Eichhörnchen

Haselmaus

Ameise

Findus' Tipp:

Nachts im Wald nimmst du ganz andere Dinge wahr als am Tag. Die Luft riecht frisch, und alle Geräusche erscheinen viel lauter. Deine Augen gewöhnen sich bald an die Dunkelheit und du erkennst Bäume und Pflanzen. Bei klarem Himmel und Vollmond ist es nachts sogar hell im Wald!

Viele Tiere ruhen oder schlafen tagsüber und werden erst in der Dämmerung munter. Dann gehen sie auf Nahrungssuche, streifen durch den nächtlichen Wald und spielen mit ihren Jungen.

In diesem Gitterrätsel sind senkrecht und waagerecht fünf Tiere versteckt, die vorwiegend „nachtaktiv", also am Abend oder in der Nacht unterwegs sind. Findest du sie?

A	M	P	G	K	L	R	E	J	B	W	H	J	L	K	P	L
Q	U	G	T	B	F	I	A	W	A	L	D	K	A	U	Z	Q
Y	H	A	S	E	L	M	A	U	S	E	A	L	E	W	B	O
G	U	Z	L	K	B	H	P	X	O	S	C	S	E	R	M	I
H	D	M	D	K	I	K	F	A	Q	H	H	V	R	M	E	N
K	B	F	L	E	D	E	R	M	A	U	S	Z	U	P	K	B

Lösung Gitterrätsel: Dachs, Uhu, Fledermaus, Waldkauz, Haselmaus

Spuren und Fährten

Auf ihren Wanderungen stoßen Pettersson und Findus oft auf Tierspuren und Fährten. Meist bekommen sie die scheuen Waldbewohner gar nicht zu Gesicht, aber das stört die beiden nicht, denn das Spurenlesen selbst ist schon spannend genug.

Auf weichem Boden hinterlassen Tiere die unterschiedlichsten Abdrücke. Ein Einzelabdruck heißt Trittsiegel, und hintereinander folgende Spuren nennt man eine Fährte.

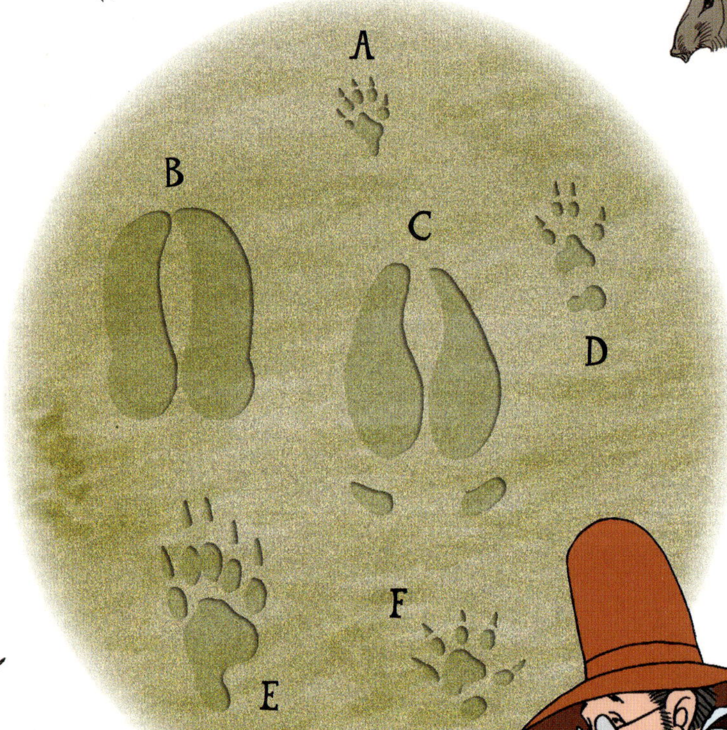

Kennst du die Trittsiegel dieser Tiere? Verbinde mit einer Linie.

Lösung: A: Haselmaus, B: Hirsch, C: Wildschwein, D: Igel, E: Dachs, F: Eichhörnchen

Findus' Tipp:

Um Tiere zu beobachten, musst du geduldig sein. Viele Tiere sind scheu und zeigen sich erst, wenn sie ganz sicher sind, dass keine Gefahr droht. Trage unauffällige Kleidung und setze oder stelle dich ganz still an einen Platz, an dem du es bequem einige Zeit aushalten kannst.

Tiere hinterlassen nicht nur Fußabdrücke. Wenn du genau hinsiehst, entdeckst du noch weitere „Spuren". Kreise aber nur jene ein, die von Tieren stammen!

Lösung: Weitere Tier-Hinterlassenschaften sind Kratzspuren am Baumstamm, ein angefressenes Blatt, angefressene Haselnüsse und Schneckenhäuser, Federn

Petterssons Waldspezialitäten

Unterwegs nascht Findus Brombeeren. Sie sehen fast so aus wie schwarze Himbeeren. „Probier doch mal eine Buchecker. Die kann man nämlich auch essen“, sagt Pettersson und öffnet die Schale für Findus. Findus probiert eine Buchecker. „Mmh, schmeckt gar nicht schlecht.“

Das wächst in Wald und Flur:

Walderdbeeren

Blaubeeren

wilde Himbeeren

Brombeeren

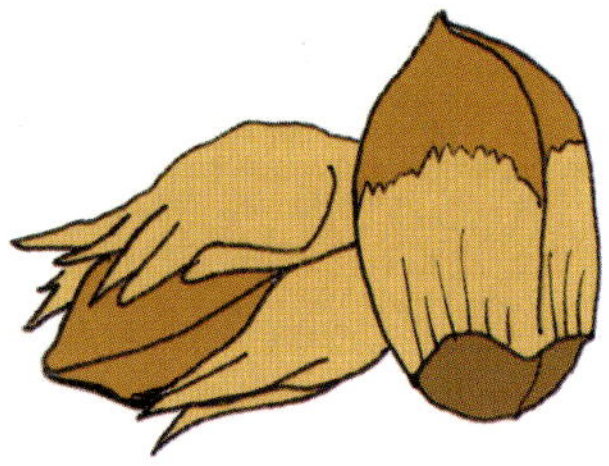

Haselnüsse

Pilze (Steinpilz und Pfifferling)

Bucheckern

Maronen (Esskastanien)

Petterssons Brombeermarmelade

Für die Brombeermarmelade brauchst du:

- 700 g Brombeeren
- 400 g Gelierzucker
- etwas Zitronensaft
- saubere Gläser mit Schraubdeckel
- Kochtopf
- Rührlöffel

1. Wasche die Brombeeren gut ab und gib sie zusammen mit dem Zucker und dem Zitronensaft in den Kochtopf.

2. Erhitze die Brombeeren langsam und lass sie dann etwa 6 Minuten kochen. Rühre dabei ständig um, damit die Marmelade nicht anbrennt. Du kannst zwischendurch probieren, ob die Marmelade süß genug schmeckt und sonst noch etwas Zucker dazugeben.

3. Fülle die heiße Marmelade in die Gläser und lass sie abkühlen.

Bitte immer einen Erwachsenen, dir beim Einkochen zu helfen!

Unterwegs findet Findus einen wunderschönen Pilz. Er ist ganz rot mit weißen Punkten darauf. Gerade will Findus danach greifen, da ruft Pettersson: „Halt! Nicht anfassen, Findus. Das ist ein Fliegenpilz, und der ist sehr giftig!“

Berühre oder sammle Beeren, Nüsse oder Pilze immer nur zusammen mit einem Erwachsenen. Pflücke sie nur dann, wenn du auch ganz sicher bist, dass sie essbar und schon reif sind!

Pettersson und Findus gehen ins Moor

„Findus, hast du meine Gummistiefel gesehen?“, fragt Pettersson. „Die brauche ich unbedingt, wenn wir heute ins Moor gehen. Der Boden ist dort nämlich ziemlich feucht.“

Woran erkennst du ein Moor?

Ein Moor ist ein sumpfiges Feuchtgebiet, in dem sich Wasser in Senken angesammelt hat und abgestorbene Pflanzen eine Torfschicht gebildet haben. Weil der Boden so feucht und nährstoffarm ist, wachsen dort nur ganz bestimmte Pflanzen und Gräser. Man unterscheidet je nach Art ihrer Entstehung zwischen Flach- und Hochmooren.

Wozu kann man Torf verwenden?

a) ◯ als Brennmaterial

b) ◯ als Gewürz beim Kochen

c) ◯ um daraus Kleider zu spinnen

Lösung: a

„Im Moor ist der Boden oft ganz unterschiedlich beschaffen“, erklärt Pettersson. „Teile des Moores sind sehr feucht und du kannst sogar darin versinken, wenn du nicht aufpasst. An anderen Stellen kannst du ganz bequem über den weichen Untergrund gehen. Aber herauszufinden, wohin du Fuß oder Pfote gefahrlos setzen kannst, ist manchmal nicht ganz einfach.“

Oje, Findus hat sich im Moor verirrt! Welchen Weg muss er einschlagen, um wieder aus dem Moor hinauszugelangen?

Findus' Tipp:

Vielleicht hast du ja einmal die Gelegenheit, an einer Wanderung durch ein Moor teilzunehmen. Dort erfährst du viele interessante Dinge über die Entstehung des Moores, seine Tier- und Pflanzenarten und wie dieser Lebensraum heute geschützt wird.

Lösung s. S. 48

Alle Vögel sind schon da!

Welche dieser Vögel findest du im großen Bild wieder?

Der **Kuckuck** kümmert sich nicht um seine Eier, sondern legt diese zum Ausbrüten und Aufziehen der Jungen in fremde Nester. Bestimmt hast du schon einmal den Kuckuck rufen hören: Kuckuck, kuckuck!

Der **Mäusebussard** ist ein Greifvogel, der sich von erjagten Kleintieren, zum Beispiel Mäusen, und toten Tieren ernährt.

Der **Eichelhäher** ist gut an dem knalligen Blau in seinen Flügeln zu erkennen. Er ist sehr wachsam und warnt die anderen Tiere mit lauten „Lätsch"-Rufen.

Der **Buchfink** ist eine weit verbreitete Vogelart. Buchfinken leben sowohl in Wäldern als auch in Parks und Gärten.

Der **Storch** ist ein Zugvogel, der im Sommer bei uns lebt und im Herbst nach Afrika zieht, um dort den Winter zu verbringen. Er ist nur noch selten, aber wegen seiner langen roten Beine und seines roten Schnabels sehr auffällig.

Die **Elster** ist mit ihrem glänzenden, überwiegend schwarz-weißen Gefieder gut zu erkennen. Elstern sind Allesfresser und sammeln gern glänzende Gegenstände für ihr Nest.

Der **Zaunkönig** wird nur etwa 9 cm lang. Die Weibchen bauen kleine, kugelförmige Nester und sorgen in der Regel allein für das Ausbrüten und die Aufzucht der Jungen.

Die **Drossel** ist bekannt für ihren schönen Gesang, deshalb wird sie auch Singdrossel genannt. Sie ernährt sich überwiegend von Schnecken, Regenwürmern und Beeren.

Feldlerchen leben auf offenen Wiesen und bauen ihre Nester versteckt am Boden. Sie brüten dreimal im Jahr und ernähren sich von Insekten und Körnern.

Lösung: Mäusebussard, Zaunkönig, Buchfink, Storch

Auf der Suche nach Meister Lampe

„Jetzt ist er schon wieder weg!“, sagt Findus enttäuscht. „Nächstes Mal werden wir ihn bestimmt sehen“, tröstet ihn Pettersson. „Wir müssen nur schnell genug sein.“

Von welchem Tier ist hier die Rede? Verbinde die Punkte.

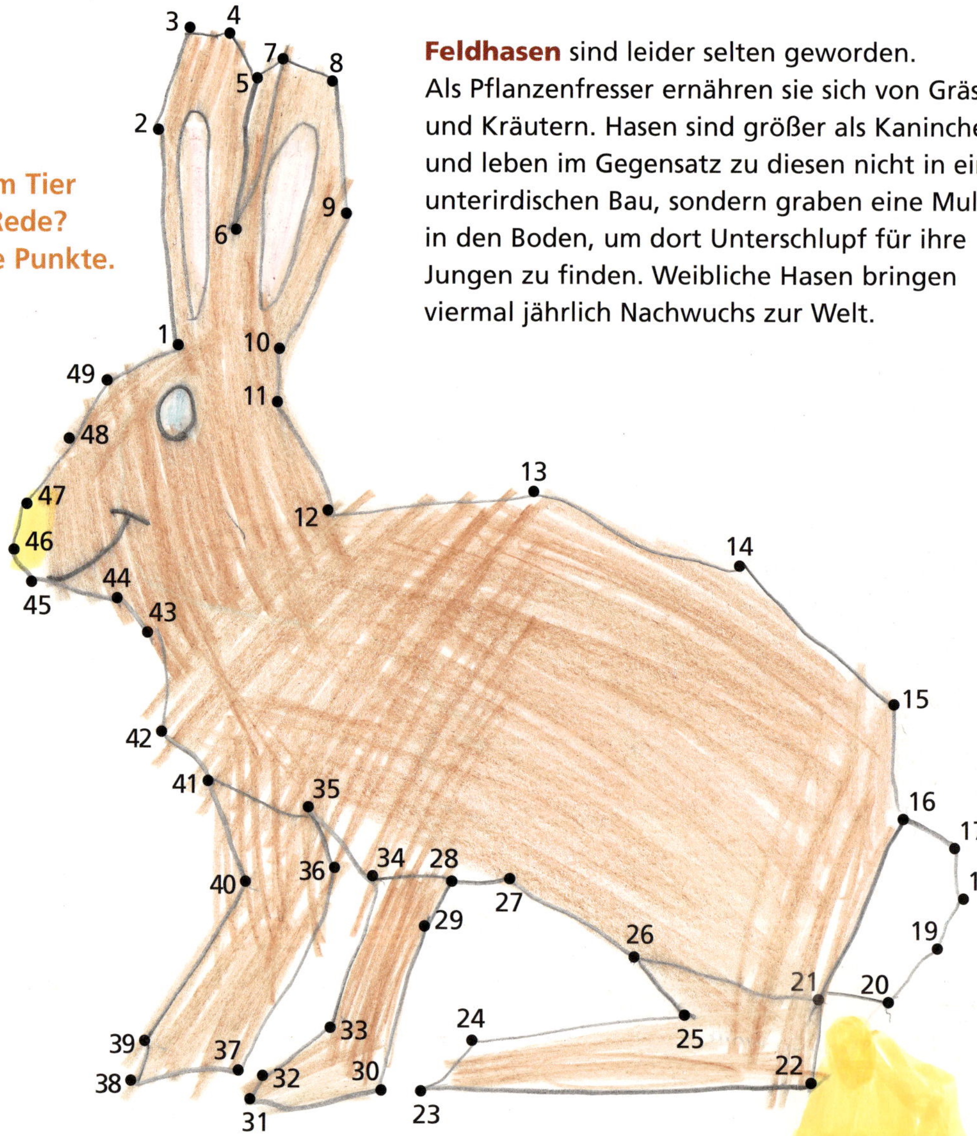

Feldhasen sind leider selten geworden. Als Pflanzenfresser ernähren sie sich von Gräsern und Kräutern. Hasen sind größer als Kaninchen und leben im Gegensatz zu diesen nicht in einem unterirdischen Bau, sondern graben eine Mulde in den Boden, um dort Unterschlupf für ihre Jungen zu finden. Weibliche Hasen bringen viermal jährlich Nachwuchs zur Welt.

Findus' Tipp:

Hasen kommen in Geschichten, Märchen und Fabeln vor, zum Beispiel als Meister Lampe oder als Osterhase. Ein ängstlicher Mensch wird „Hasenherz“ oder „Angsthase“ genannt. „Alte Hasen“ dagegen lassen sich nichts vormachen.

Was ist los auf Feld und Wiese?

Felder und Wiesen bieten vielen Tierarten einen Lebensraum. Besonders Hecken sind für Pflanzen und Tiere wertvolle Nischen und Rückzugsorte. Denn durch den Einsatz von Düngemitteln und anderen Giftstoffen, schweren landwirtschaftlichen Geräten und den Anbau von Nutzpflanzen auf riesigen, eintönigen Feldern sind viele Tier- und Pflanzenarten heute bedroht.

Ursprünglich lebten **Füchse** auf Wiesen und Feldern mit Heckenbewuchs oder in offenen Wäldern. Inzwischen haben sie sich an veränderte Lebensbedingungen angepasst und sind auch in Großstädten heimisch geworden. Füchse fressen kleine Säugetiere, tote Tiere, Vögel und Früchte.

Schmetterlinge gibt es in vielen auffälligen Farben, zum Beispiel die bunten Tagpfauenaugen und die hellen Zitronenfalter.

Die rotbraunen **Rehe** kannst du häufig beobachten. Die Rehböcke tragen ein kleines Geweih, das sie einmal im Jahr abstoßen. Rehkitze haben weiße Flecken im Fell. Entdeckst du ein Kitz im hohen Gras, fass es nicht an. Der menschliche Geruch hält die Mutter später von ihrem Jungen ab.

Findus zeigt dir noch mehr Tiere, die auf Feld und Wiese leben. Kennst du sie?

Mäusebussard

Hummel

Maulwurf

Heuschrecke

Hermelin

Es grünt und blüht auf der Wiese

Heute untersuchen Pettersson und Findus, welche Blumen und Kräuter auf der Wiese hinter ihrem Haus wachsen. „Hahahaaatschi!" Findus hat seine Nase zu tief in eine Blüte gesteckt. Mit einem gewaltigen Niesen befreit er sich vom lästigen Kitzeln des Blütenstaubs.

Findus' Tipp:

Mit einem guten Bestimmungshandbuch kannst du die interessantesten Pflanzen entdecken. Pflanzen wachsen überall: auf Wiesen und Weiden, an Feldrändern, Knicks, Hecken und Wegrändern.

Blumen und Kräuterpflanzen sehen wunderschön aus, duften gut und sind für Insekten, Vögel und andere Tiere als Nahrungsquelle oder Lebensraum wichtig. Viele Pflanzen haben, richtig angewendet, als Tee oder Halswickel auch eine heilende Wirkung, z. B. die Kamille. Pettersson sammelt gerade ihre duftenden Blüten, um sie zu trocknen und später für Dampfbäder zu verwenden.

Vorsicht vor giftigen Pflanzen! Berühre eine Pflanze nur, wenn du ganz sicher bist, dass sie nicht giftig ist. Lass dir beim Bestimmen der Pflanzen am besten von einem Erwachsenen helfen!

Findus' Herbarium

In seinem Pflanzenbuch sammelt Findus Kräuter und Blumen, die er unterwegs gesehen hat.

Manche Pflanzenarten sind sehr selten geworden und stehen deshalb unter Naturschutz. Sie dürfen nicht gepflückt werden!

Dafür brauchst du:

- ein Heft, einen Ordner oder ein Ringbuch
- Stifte
- Löschpapier
- gesammelte Blumen und Kräuter
- Stapel Bücher zum Pressen

1. Lege eine Blume oder ein Kraut zwischen einen Bücherstapel. Am besten umwickelst du sie vorher mit Löschpapier, das die Feuchtigkeit aufsaugt.

2. Ist die Blume getrocknet und gepresst, klebst du sie vorsichtig in dein Heft oder Buch. Am besten klebst du die Blumen immer auf die rechte Seite im Heft und lässt die linke Seite frei, damit sie besser geschützt sind.

3. Um dein „Herbarium" zu vervollständigen, schreibst du alles auf, was dir zu der Pflanze einfällt oder wichtig ist. Zum Beispiel:
   - Name der Pflanze
   - wo du sie gefunden hast, z.B. auf einer Wiese, am Waldrand oder in der Hecke
   - wann du sie gefunden hast

Leben auf dem Bauernhof

„Bei uns wohnen auch viele Tiere“, sagt Findus und meint damit Prillan und die anderen Hühner, die auf Peterssons Hof leben. Und natürlich die ganzen Bauernhoftiere von Peterssons Nachbarn. „Zum Beispiel gibt es da Anderssons Stier“, sagt Findus. Aber an den möchte Petersson lieber nicht erinnert werden ...

Wer bin ich?

Diese gemütlichen Tiere lassen sich nur schwer aus der Ruhe bringen. Es sei denn, man versucht ein männliches Exemplar mit lauter Musik aufzuscheuchen ... Die weiblichen Tiere geben Milch, aus der zum Beispiel Käse oder Butter gemacht wird.

Von diesen Tieren ist Prillan ein besonders schönes Exemplar. Sie und ihre Freundinnen laufen gackernd auf dem Hof umher und legen Eier.

Der Volksmund bezeichnet diese Tiere als Glücksbringer. Sie sind Allesfresser und suhlen sich gern in matschigen Schlammkuhlen.

Am liebsten weiden diese Tiere in großen Herden. Im Frühjahr werden sie geschoren, denn aus ihrem Fell wird Wolle für Pullover und dicke Socken gesponnen.

Was glaubst du, seit wie vielen Jahren Tiere als Haus- und Nutztiere bei den Menschen leben?

- a) seit etwa 2.000 Jahren
- b) seit etwa 5.000 Jahren
- c) seit etwa 10.000 Jahren

Lösung: c

Ein Regentag. Draußen gießt es in Strömen. Anstatt im Wald umherzustreifen, will Pettersson heute lieber gemütlich auf dem Sofa sitzen und Kreuzworträtsel lösen, aber Findus ist das viel zu langweilig! Er bastelt lieber Tiere und einen Stall für seinen Spiel-Bauernhof.

Dafür brauchst du:

- Tierbilder (z.B. aus alten Zeitschriften)
- Schere
- Klebstoff
- dünner Pappkarton
- Schuhkarton
- etwas Heu, Stroh, Gras oder Moos
- Farben und Pinsel

Findus' Bauernhof

1. Schneide Tierbilder aus, klebe sie auf dünnen Pappkarton auf und schneide sie noch einmal aus. Lass dabei am unteren Rand eine Knickkante zum Aufstellen der Tiere.
2. Schneide eine Längsseite des Schuhkartons weg, so dass er nach oben und nach vorn hin offen ist.
3. Male einen Bauernhof mit Gemüsegarten, Feldern oder Weiden in bunten Farben auf ein großes Blatt Papier.
4. Wenn die Farbe getrocknet ist, kannst du das Bild in den Karton kleben, Stroh, Gras und Heu verteilen und deine Tiere aufstellen.

Pettersson erklärt die Getreidesorten

Viele Pflanzen dienen der Ernährung und Versorgung von Mensch und Tier. Auch Pettersson und seine Nachbarn bauen dafür auf den Feldern rund um ihre Höfe und in ihren Gärten Getreide und Gemüse an.

In diesem Gitterrätsel kannst du vier bekannte Getreidesorten entdecken. Suche waagerecht und senkrecht.

Seit der Steinzeit vor vielen tausend Jahren gehört das **Getreide** zu den wichtigsten Nahrungsmitteln der Menschen. Die Körner wurden gemahlen und zum Beispiel zu Fladen, Brot, Kuchen, Gebäck oder zu Teigwaren, etwa Nudeln, verarbeitet.

A	G	E	F	G	I	E
W	E	I	Z	E	N	N
H	A	F	E	R	M	E
K	E	R	I	S	A	T
F	U	W	B	T	K	I
A	B	A	M	E	G	A
R	O	G	G	E	N	N

Weizen ist bei uns sehr weit verbreitet. Das helle Weizenmehl wird zu Brot, Brötchen und Kuchen verarbeitet. Die Weizenkörner wachsen in den Ähren der Pflanze.

Gerste kannst du gut an den langen Haaren erkennen, welche von den Ähren abstehen. Diese Haare nennt man Grannen.

Lösung: Weizen, Hafer, Roggen, Gerste

Roggen hat mittellange Grannen, die von der Frucht abstehen. Die gemahlenen Körner des Roggens werden zu einem dunkleren Mehl verarbeitet. Daraus wird zum Beispiel Schwarzbrot gebacken.

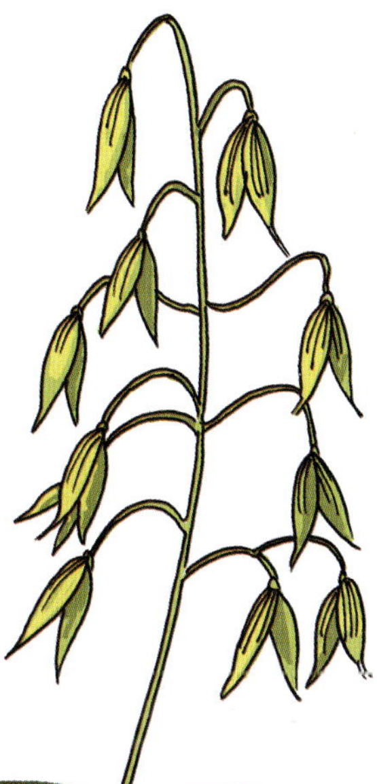

Beim **Hafer** heißen die kleinen Körner an den Stielen Rispen. Daran kannst du ihn leicht erkennen. Hafer wird als Futterpflanze für Tiere, zum Beispiel Pferde, verwendet, aber auch für Haferflocken und Hafergrütze.

Körnerfresser

„Findus, weißt du, welches dieser Tiere gern Getreidekörner frisst?", fragt Pettersson. Kannst du Findus helfen? Kreise das richtige Tier ein.

Lösung: Maus

Am und auf dem See

Gemütlich schaukeln Pettersson und Findus in ihrem Boot nahe des Seeufers. Es raschelt im Schilf und es zirpt und zwitschert in der Luft. Der See bietet nicht nur Fischen und Krebsen im Wasser einen Lebensraum. Auch Vögel, Säugetiere, Insekten und Reptilien leben am und vom Wasser.

Lösung (v. l. n. re.): Graureiher, Ringelnatter, Forelle, Ente (Erpel), Molch, Libelle, Frosch, Wasserratte, Bachstelze, Schnecke (ohne und mit Haus).

Welche Tierarten kannst du auf dem Bild entdecken?

Findus beobachtet Fische

Findus sitzt am Ufer und schaut ins Wasser. Da, ein Fisch! Schon ist er wieder verschwunden. „Ich kenne einige Tricks, die dir beim Beobachten von Fischen und Wassertieren helfen können“, sagt Pettersson.

- Achte darauf, dass dein Schatten nicht auf das Wasser fällt. Sonst ziehen sich die Fische blitzschnell zurück.
- Suche dir einen verborgenen Platz zwischen den Bäumen und Büschen am Ufer. Du solltest gut ins Wasser schauen können, ohne dich bewegen zu müssen.
- Tritt vorsichtig auf, damit du die Fische nicht durch die Erschütterungen beim Gehen verscheuchst.
- Wenn du jetzt geduldig wartest, bekommst du bestimmt interessante Tiere zu sehen!

Am und im Wasser kannst du tolle Sachen machen:

- Baden
- Angeln
- Tauchen
- ein Picknick veranstalten
- Tiere beobachten
- Boot fahren

Und was machst du am liebsten?
Male oder schreibe es auf:

Malen Ja

Schreibenn Nö

Flüsse und Bäche

„Seen, Teiche und Tümpel gehören zu den stehenden Gewässern“, erklärt Pettersson. „Flüsse und Bäche dagegen sind fließende Gewässer.“

Flüsse können sehr unterschiedlich aussehen: Manche sind schmal, andere sehr, sehr breit. Es gibt schnell fließende Flüsse, mit Stromschnellen und gefährlichen Strömungen, und solche, deren Wasser träge dahinfließt.

Findus möchte im Fluss, der hinter dem roten Haus fließt, kleine Fische angeln. Doch dafür braucht er eine Angel. Pettersson zeigt ihm, wie er ganz einfach eine Angel baut.

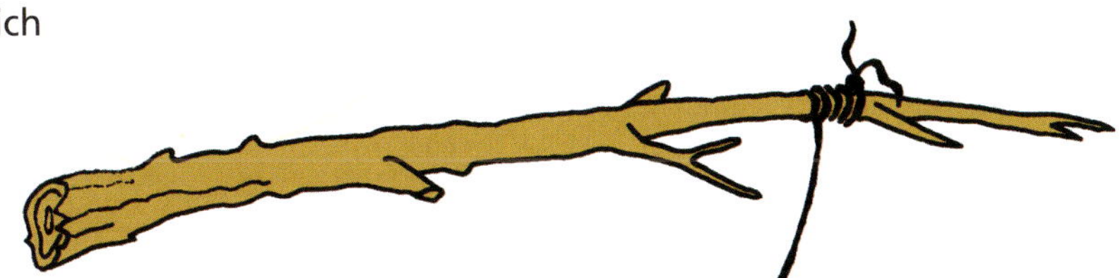

1. Knote die Schnur an dem Stock fest und befestige den Angelhaken am Schnurende.
2. Damit die Angel ruhig im Wasser treibt, solltest du einige Gewichte, z.B. Steine, und ggf. einen Schwimmer aus Kork an der Angelschnur befestigen.

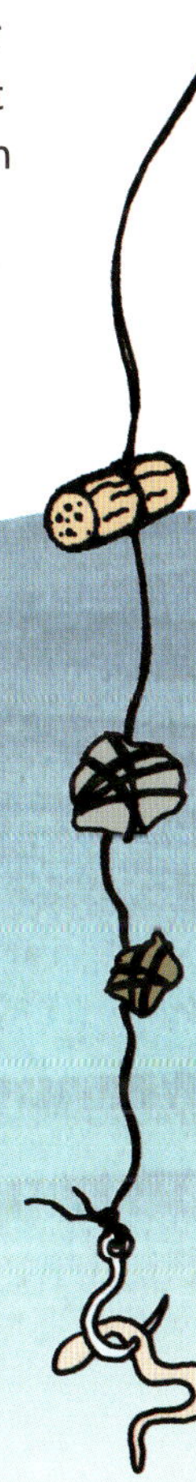

3. Suche dir eine Stelle aus, an welcher der Fluss möglichst ruhig fließt und keine starke Strömung ist, dort geht das Angeln leichter.
4. Befestige den Köder am Haken und halte die Angel ins Wasser. Als Köder kannst du zum Beispiel einen Regenwurm nehmen.

Für die Angel brauchst du:

- einen Stock
- etwas Schnur
- einen Angelhaken
- kleine Steine oder Bleigewichte
- einen Schwimmer
- Köder

Pettersson und Findus bauen einen Staudamm

Heute wollen Pettersson und Findus einen kleinen Staudamm bauen. Sie suchen sich einen kleinen Bach, der nicht sehr breit und tief ist. Pettersson watet ins Wasser und verbindet die beiden Ufer mit einer Reihe von größeren Steinen.

Findus hat inzwischen herabgefallene Äste und Zweige gesammelt, die sie vor den Steindamm schichten. Die Zwischenräume stopfen Pettersson und Findus mit etwas Schlamm und Gräsern aus. Dann setzen sie sich ans Ufer und warten. Schnell staut sich das Wasser vor dem Damm. Es sickert durch die Ritzen und fließt nur langsam weiter.

Spiel niemals allein am Wasser und baue den Staudamm zusammen mit einem Erwachsenen! Wichtig ist auch, den Damm hinterher wieder zu öffnen und den vorherigen Zustand wiederherzustellen, damit du durch den Staudamm das Ökosystem nicht durcheinander bringst.

„Findus, welches Tier ist für seine Bauwerke an Flüssen bekannt und errichtet große Staudämme?", fragt Pettersson. Findus grübelt eine Weile; dann ruft er: „Ich hab's! Du meinst bestimmt den ..."

Das gesuchte Tier kann bis zu 30 oder 40 kg wiegen und wird über einen Meter lang. Als Pflanzenfresser mag er Kräuter, Blätter und Baumrinden. Er lebt in einer großen „Burg" mit vielen Kammern, deren Eingang unter Wasser liegt. Mit seinen großen Schneidezähnen nagt er Baumstämme ab, die er für den Bau verwendet. Er ist für seine großartigen Staudämme bekannt. Weißt du, um welches Tier es geht?

der Biber

Lösung: Der Biber

Leben unter Wasser

Findus beugt sich tief über den Bootsrand, um den Fischen zuzusehen. Huch! Fast wäre er ins klare Wasser geplumpst. In letzter Minute greift Pettersson nach seinem Schwanz und zieht den erschrockenen Kater zurück ins Boot.

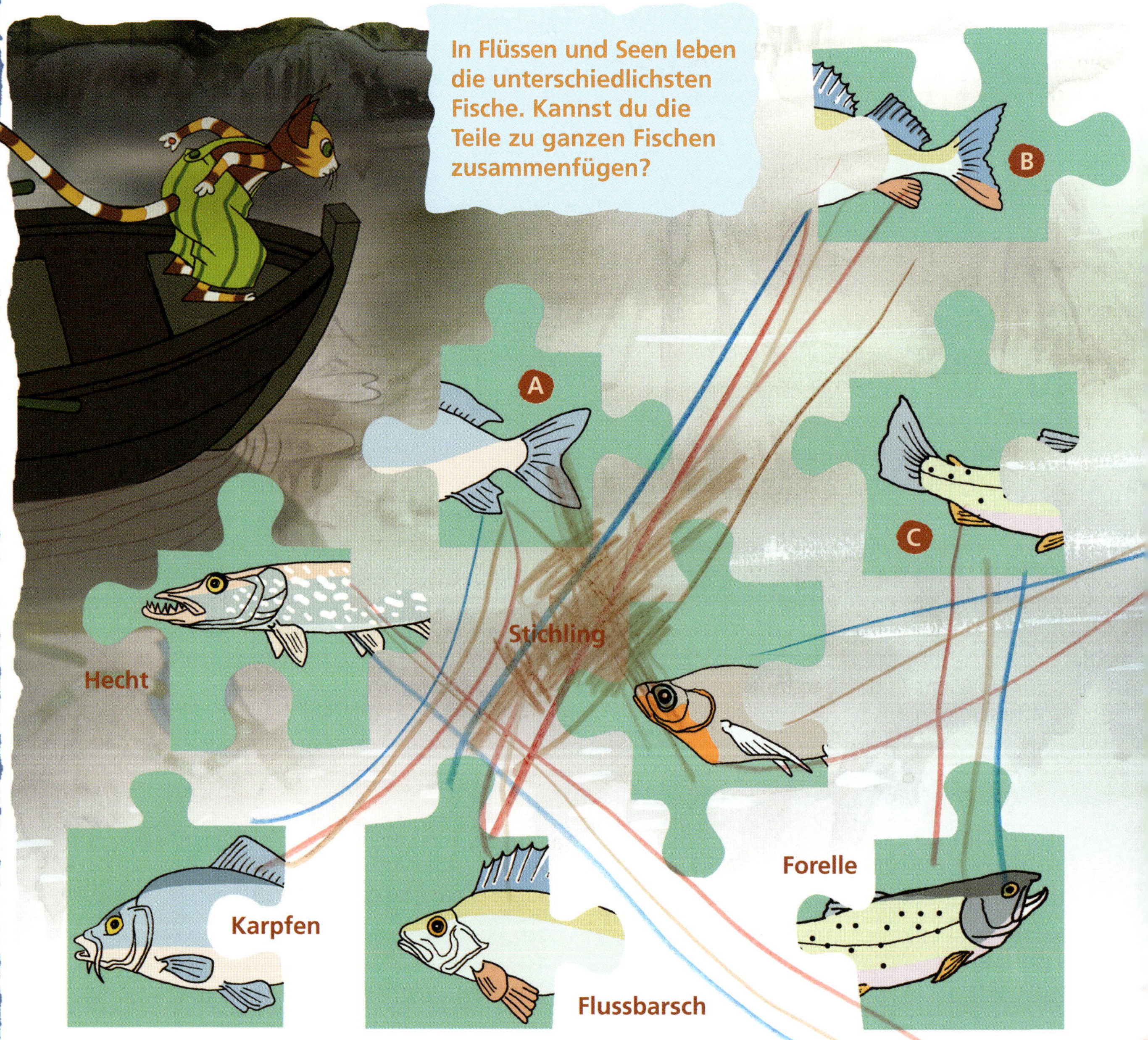

Karpfen leben in Seen und langsam fließenden Gewässern. In unseren Gewässern leben viele ausgewilderte Zuchtkarpfen, die etwas bauchiger sind als die Wildkarpfen und viel weniger Schuppen haben.

Hechte sind gut an ihrem gewölbten Maul zu erkennen. Sie haben spitze Zähne und ernähren sich von anderen Fischen und Wasservögeln.

Forellen leben in Bächen und Flüssen (Bachforelle) oder in Seen (Seeforelle). Zum Ablegen der Eier wandern sie die Flüsse hinauf zu ihrem Laichplatz.

Lösung: Hecht gehört zu E, Stichling gehört zu D, Karpfen gehört zu A, Flussbarsch gehört zu B, Forelle gehört zu C.

Der **Stichling** wird etwa 10 cm lang und lebt sowohl im Süßwasser als auch im Meer. Mit den Stacheln auf seinem Rücken kann er zustechen.

Der **Flussbarsch** ist mit seinen grüngestreiften Schuppen und den roten Flossen prächtig anzusehen. Er ist ein Allesfresser, der jedoch Fische bevorzugt.

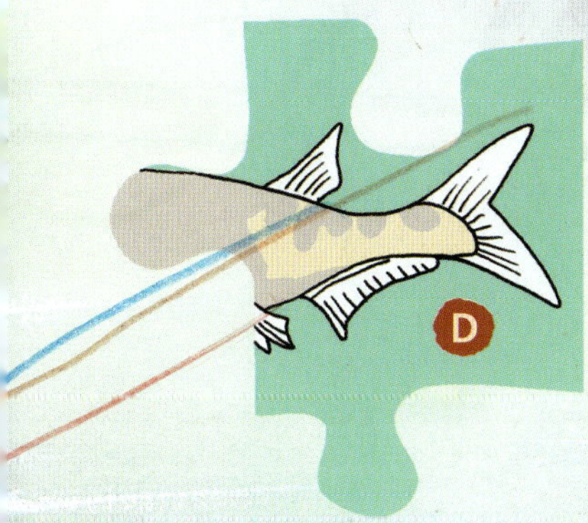

Findus' Unterwasserkino

Dafür brauchst du:

- den Deckel eines Schuhkartons
- ein scharfes Messer
- einen langen Papierstreifen
- Schere
- Stifte

1. Ritze mit dem Messer vorsichtig zwei Schnittkanten in den Pappdeckel. Lass dir dabei von einem Erwachsenen helfen. Male den Deckel dunkelblau an.

2. Male den Papierstreifen von einer Seite farbig an. Zeichne eine Unterwasserwelt oder eine Seenlandschaft darauf. Du kannst auch eine kleine Bildabfolge malen, wie bei einem richtigen Zeichentrickfilm.

3. Schiebe den Papierstreifen so durch die beiden Ritzen, dass das Bild vor dem Karton abläuft. Rolle den Film ab und zeige auch deinen Freunden deinen Unterwasserfilm. Sie werden staunen!

Was machen Fische, wenn sie „laichen"?

- a) Sie legen ihre Eier ab.
- b) Sie halten Hochzeit.
- c) Sie fressen leckere Insekten.

Lösung: a

Was schwimmt da im Wasser?

„Pfui Teufel!", schimpft Findus und fischt einen alten Schuh aus dem Wasser. „Dass die Leute auch immer und überall ihren Abfall abladen müssen!"

Findus' Tipp:

Wenn du herausfinden willst, wie tief ein Bach ist, knote einen Stein an eine Schnur. Lass den Stein langsam ins Wasser gleiten. Stößt er auf Grund, markierst du die Schnur an der Wasseroberfläche und holst sie aus dem Wasser. Miss den Abstand zwischen Markierung und Stein, um die Wassertiefe zu bestimmen.

Wenn ein Gewässer sauber ist, dann schwimmt kein Abfall auf der Oberfläche oder liegt am Ufer herum. Du kannst Fische im Wasser sehen und andere Tiere beobachten. In verschmutzten Gewässern kannst du dagegen einige Dinge finden, die nicht dorthin gehören.

Kreise blau ein, was im Wasser seinen natürlichen Lebensraum hat, und rot, was dort nichts zu suchen hat.

Lösung: Richtig sind Frosch, Schilfrohr, Fisch und Seerose. Falsch sind Fahrradreifen, leere Flasche, verbogener Löffel und Papierfetzen.

Petterssons „Rindenflitzer“

„Guck mal, Pettersson, mein Boot schwimmt richtig gut“, ruft Findus begeistert. „Lass uns mal gleich noch eins bauen, ja?“

Und so bastelst du Petterssons „Rindenflitzer“:

Dafür brauchst du:
- zwei große, ausreichend dicke Rindenstücke (etwa 20 x 10 cm)
- fünf Holzspieße (z.B. Schaschlikspieße)
- zwei rechteckige Papiersegel (etwa 13 x 13 cm)
  Stifte

1. Lege die Rindenstücke nebeneinander und verbinde sie an den Seiten mit drei Holzspießen, die du jeweils vorn, in der Mitte und hinten in das Holz bohrst.

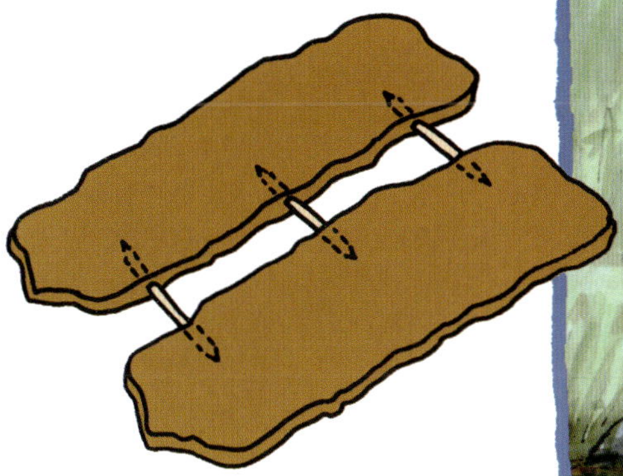

2. Male die beiden Papiersegel bunt an und pikse jedes von unten in einen Holzspieß.

3. Stecke auf beide Rindenstücke je ein Segel. Achte darauf, dass die Segel in die gleiche Richtung zeigen.

4. Setze deinen Rindenflitzer auf die Wasseroberfläche und lass ihn über eine Wasserfläche schippern.

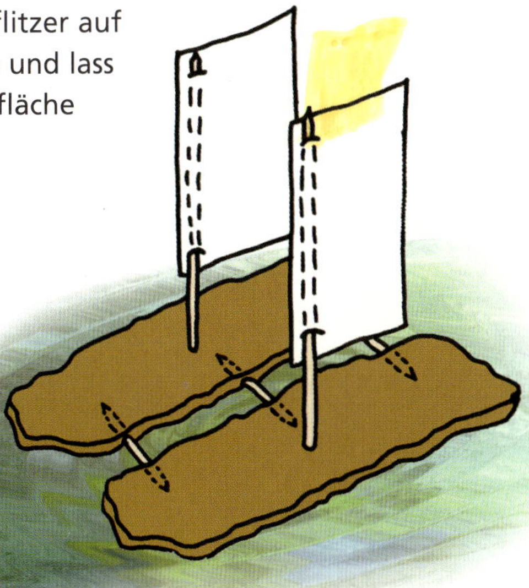

Lass dir von einem Erwachsenen helfen und lasst die Boote gemeinsam auf dem See schwimmen.

Zugvögel

Langsam wird es Herbst. Findus und Pettersson beobachten, wie sich die Zugvögel in Schwärmen sammeln, um gen Süden zu fliegen.

Nicht alle Vögel leben das ganze Jahr über bei uns. Einige verbringen den Winter auch in anderen Gegenden der Erde, wo es wärmer ist. Auf ihrer Reise in den Süden legen die Vögel oft viele Tausende Kilometer zurück.

Graugans

Storch

Schwalbe

Kennst du diese Zugvögel? Ein Vogel, der gar kein Zugvogel ist, hat sich übrigens dazwischengemogelt. Weißt du, welcher?

Silbermöwe

Hättest du es gewusst?

Die weiteste Strecke legt die Küstenseeschwalbe zurück. In einem Jahr fliegt dieser kleine Wandervogel fast 40.000 Kilometer.

Lösung: Die Silbermöwe ist kein Zugvogel.

Winterschlaf, Winterruhe, Winterstarre

„Welche Tiere halten eigentlich Winterschlaf?", will Findus wissen. „Und was ist der Unterschied zwischen Winterstarre und Winterruhe?" Pettersson erklärt dem neugierigen Kater, was diese Begriffe bedeuten.

Winterstarre

Amphibien wie der Grasfrosch sind wechselwarme Tiere. Das bedeutet, dass sich ihre Körpertemperatur nach der äußeren Temperatur richtet. Wenn die Temperatur im Herbst und Winter immer mehr absinkt, verkriechen sich diese Tiere in Erdlöchern oder unter Baumwurzeln und verbringen die kalte Jahreszeit bewegungslos in der Winterstarre.

Das Eichhörnchen überwintert in einem Nest im Baum.

Winterruhe

Eichhörnchen halten eine Winterruhe. Sie legen sich Vorräte für den Winter an und fressen sich ein Fettpolster an. Eichhörnchen verschlafen die meiste Zeit des Winters. Ab und zu werden sie jedoch wach und suchen ihre Vorratskammern auf, um zu fressen.

Das Eichhörnchen legt sich Wintervorräte an.

Der Igel überwintert in einer Höhle aus Laub.

Der Bär beim Winterschlaf in seiner Höhle.

Winterschlaf

Tiere, die Winterschlaf halten, sind zum Beispiel Bären, Murmeltiere, Fledermäuse und Igel. Den Winter über verbringen sie im Tiefschlaf in ihrer Höhle oder ihrem Nest und erwachen erst nach einigen Monaten im Frühjahr wieder.

Unterwegs in der Natur und durch die Jahreszeiten

Das ganze Jahr über gibt es im Wald und auf den Wiesen interessante Dinge zu entdecken. Findus zeigt dir, was er mit Pettersson im Frühling, Sommer, Herbst und Winter am liebsten macht.

Frühling

Überall grünt und blüht es. Aus den Knospen der Laubbäume wachsen neue Blätter. Büsche und Sträucher bekommen neues Blattwerk und die Blumen erblühen in den schönsten Farben. In dieser Zeit werden viele Jungtiere geboren, die du gut beim Heranwachsen beobachten kannst.

Sommer

Der Sommer ist eine gute Zeit, um in der Natur zu sein. Du kannst im Freien übernachten, Höhlen bauen, ein Picknick machen, in Flüssen und Seen baden, in der Nacht die Sterne betrachten und dir tolle Spiele ausdenken.

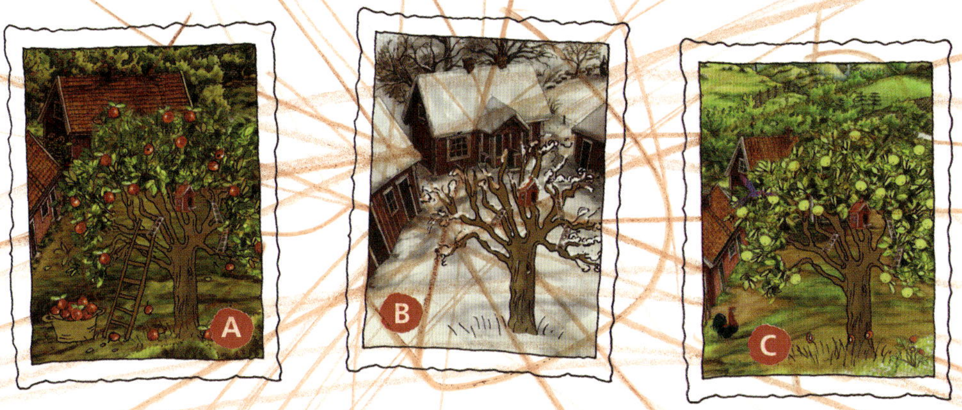

Kannst du Findus' Fotos vom Apfelbaum in die richtige Jahreszeiten-Reihenfolge bringen?

Herbst

Im Spätsommer und Herbst ist Erntezeit. Das Laub der Bäume färbt sich von Goldgelb zu Dunkelrot in den schönsten Farben. Sammle herabgefallene Blätter zum Pressen, Kastanien, Eicheln und Bucheckern und Federn, aus denen du witzige Sachen basteln kannst. Zum Beispiel Figuren oder Schmuck.

Winter

Wenn es im Winter geschneit hat, kannst du gut Spuren und Fährten im Schnee verfolgen und herausfinden, welche Tiere sie hinterlassen haben.

Lösung: D, C, A, B

Petterssons Baumuhr

„Was machst du denn da?“, fragt Findus neugierig. „Eine Baumuhr“, sagt Pettersson. „Eine was?“, fragt Findus. „Wozu ist die denn gut?“ „Wirst schon sehen“, meint Pettersson geheimnisvoll.

In diesem Buch hast du einiges über **Bäume** und ihre Früchte gelernt. Trotzdem ist es manchmal nicht leicht, einen Baum zu erkennen. Vielleicht fällt dir sein Name nicht ein oder du bist auf einmal nicht mehr sicher, ob eine Birke nun runde oder gezackte Blätter hat. Mit dieser Baumuhr hast du im Wald, Park oder im Garten einige bei uns verbreitete Bäume auf einen Blick vor dir.

Und so geht's:

1. Schneide die beiden Scheiben vorsichtig aus.

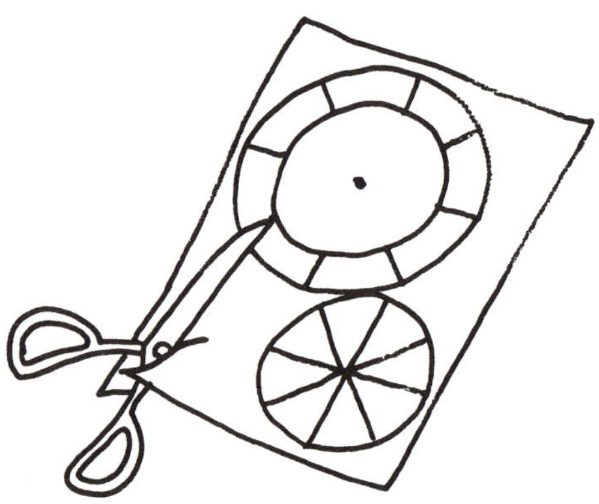

2. Bohre vorsichtig ein Loch jeweils in die Mitte der beiden Scheiben.

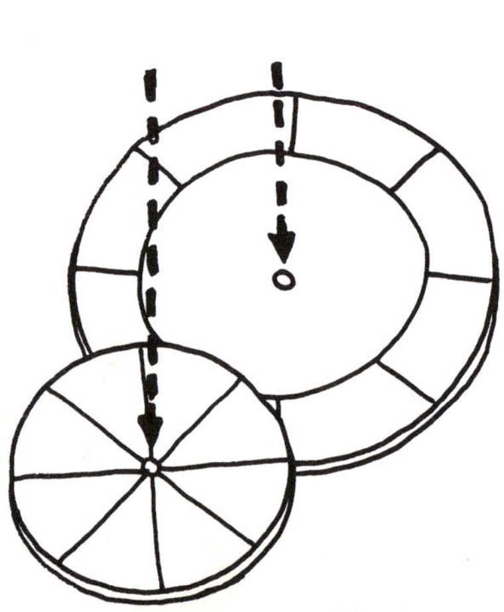

3. Um stabilere Scheiben zu erhalten, kannst du ggf. eine Kopie der Rückseite machen, dann die Scheiben-Vorderseiten und -Rückseiten (ausgeschnittene Kopie) auf weißen Karton aufkleben und entlang des Randes ausschneiden.

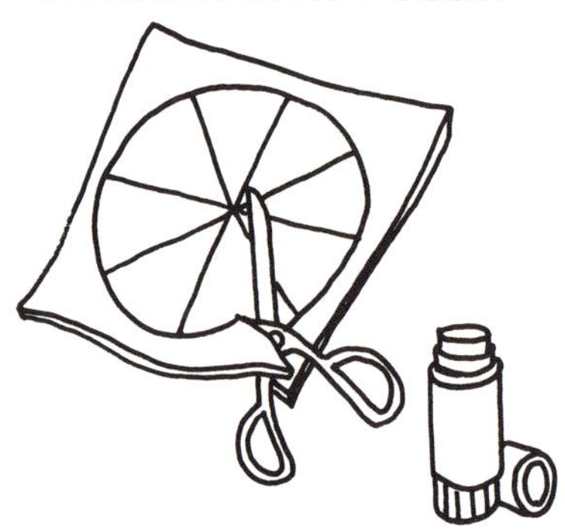

4. Lege die Scheiben mittig aufeinander und befestige sie mit einer Musterbeutelklammer.

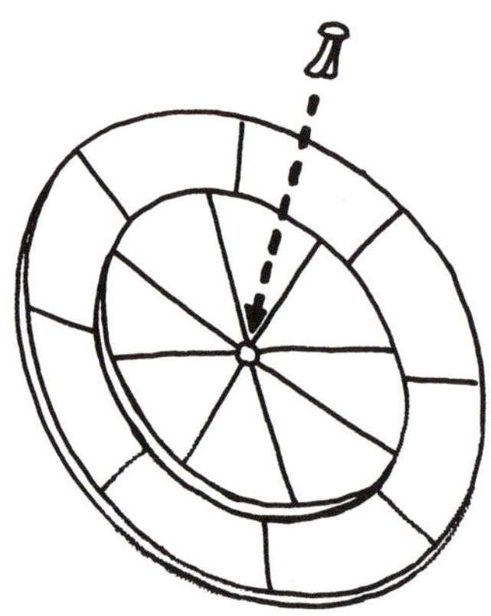

Findus‘ Tipp:

So kannst du die Baumarten bestimmen: Stell dich vor einen Baum und bestimme seine Form und sein allgemeines Aussehen. Dann drehe die kleine Scheibe, bis du die richtigen Merkmale – Blatt und Frucht – auf der großen Scheibe gefunden hast. Die kleinen farbigen Pfeile werden dir bei der Bestimmung eine Hilfe sein! Wenn du die Scheibe nun umdrehst, kannst du im Feld auf der Rückseite ablesen, wie der Baum und die zugehörigen Fruchtstände heißen.